科学原理早知道 我们的身体

# 宝宝的诞生

[韩] 申贤镇 文
[韩] 金喜贞 绘
祝嘉雯 译

化学工业出版社
· 北京 ·

今天小娴和妈妈一起来到了姨妈家。

小娴非常喜欢姨妈，一见到姨妈，就跑去抱住了她。

"我们小娴来了呀！"

"姨妈，我可想你啦。哇！姨妈的肚子像山一样耶！"

姨妈的肚子里怀了一个小宝宝。

小娴的姨妈怀孕了。                    1

"咦，姨妈的肚子里好像有什么东西在动哦。"

"是肚子里的小宝宝正在玩呢。这么用力地动来动去，看来是在欢迎我们的小娴啊。"

"真的吗？小宝宝，你好啊。"

房间里正摊放着一本本图画书，

是姨妈为了准备迎接小宝宝而在看的书。

"我们小娴以后长大了也是要做妈妈的，要和姨妈一起看吗？"

小宝宝正在姨妈肚子里幸福快乐地生长着。

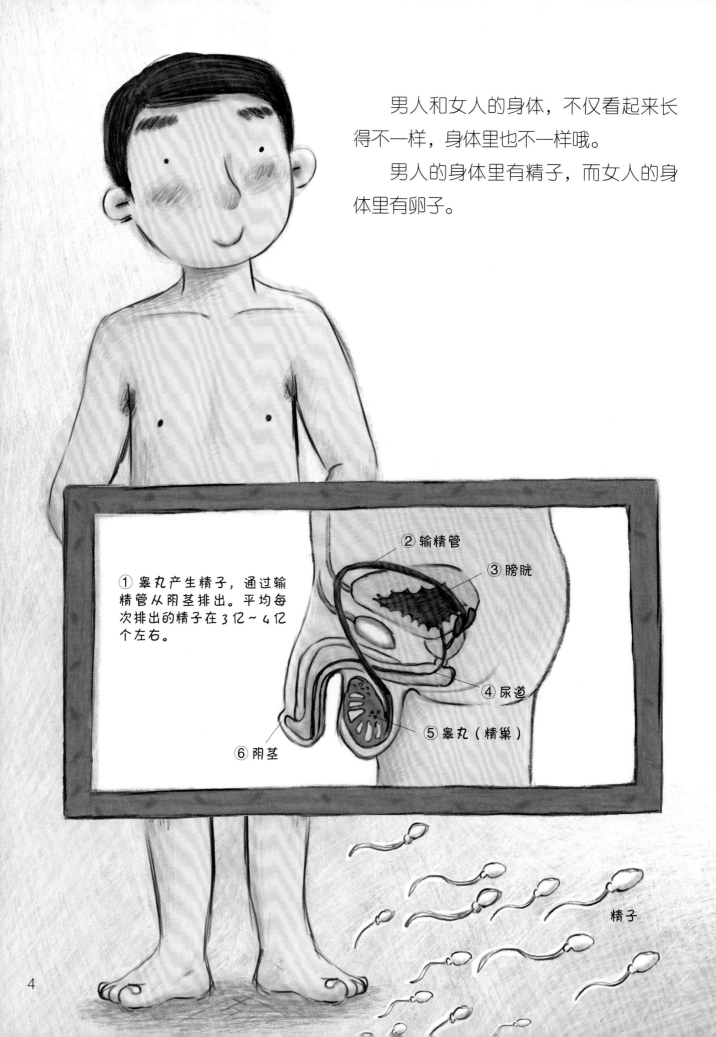

男人和女人的身体，不仅看起来长得不一样，身体里也不一样哦。

男人的身体里有精子，而女人的身体里有卵子。

① 睾丸产生精子，通过输精管从阴茎排出。平均每次排出的精子在3亿～4亿个左右。

② 输精管

③ 膀胱

④ 尿道

⑤ 睾丸（精巢）

⑥ 阴茎

精子

4

人们用肉眼就能看见卵子，但是精子
由于个头太小，
　需要用显微镜才能看到。
　所以卵子和精子长得不一样哦！
　睾丸一次能生成许多精子，
　而卵巢通常一个月只能生成一个卵子。

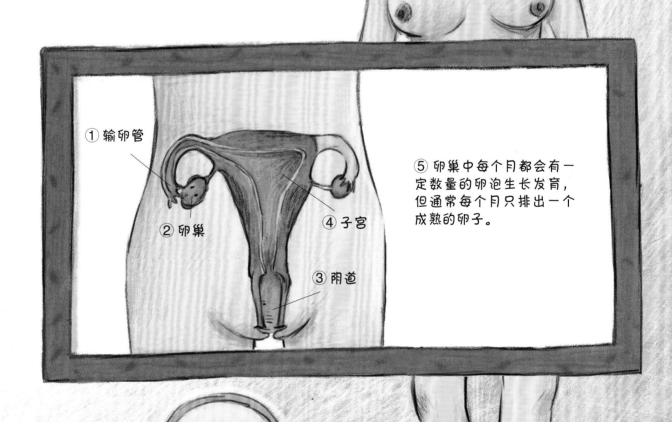

① 输卵管

② 卵巢

④ 子宫

③ 阴道

⑤ 卵巢中每个月都会有一定数量的卵泡生长发育，但通常每个月只排出一个成熟的卵子。

卵子

宝宝的诞生需要有男人的精子和女人的卵子。

成年的男人和女人相爱结婚后，
男人身体里的精子遇见女人身体里的卵子，就可能会
有宝宝。
就像爸爸妈妈相爱之后有了小娴一样。
来看看精子和卵子是怎样相遇的吧！

许许多多的精子为了遇见卵子努力地游啊游，
游得最快的精子，率先钻进卵子里，就形成了受精卵。
宝宝就从此刻诞生咯，
这将会是一个长得既像爸爸又像妈妈的宝宝。

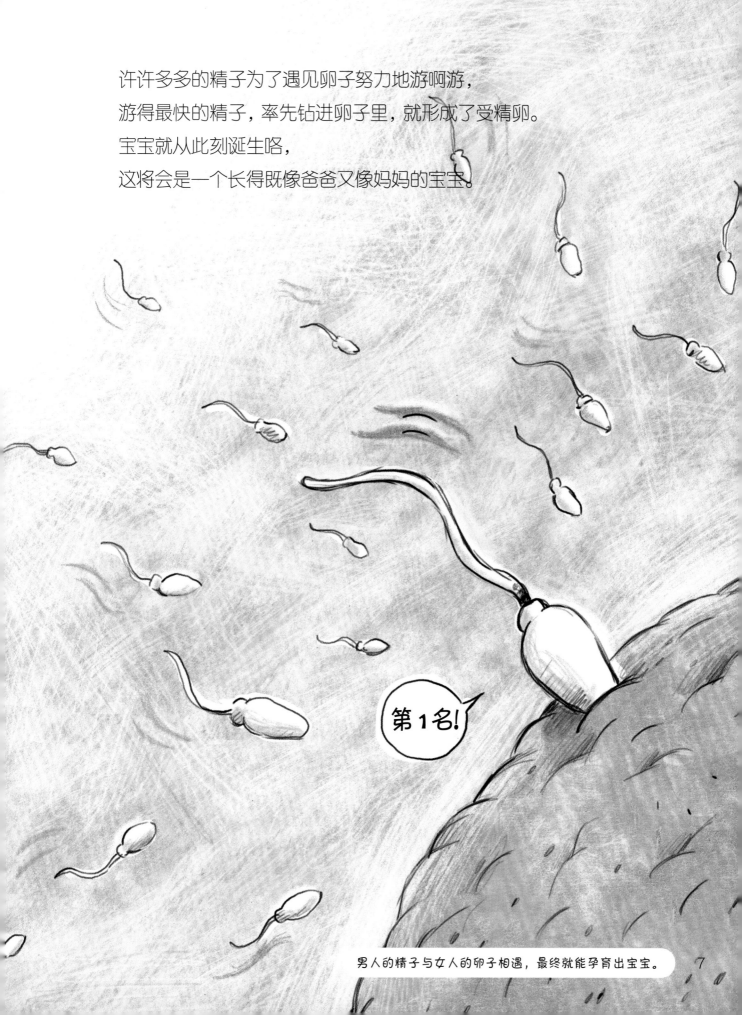

第1名!

男人的精子与女人的卵子相遇，最终就能孕育出宝宝。

宝宝生长发育的地方叫做"子宫"。

子宫为了宝宝的生长时刻做着准备。

成功受精的卵子为宝宝身体发育寻找合适的场所而开始游走，随着输卵管的蠕动一直在移动，然后在子宫壁上安家。

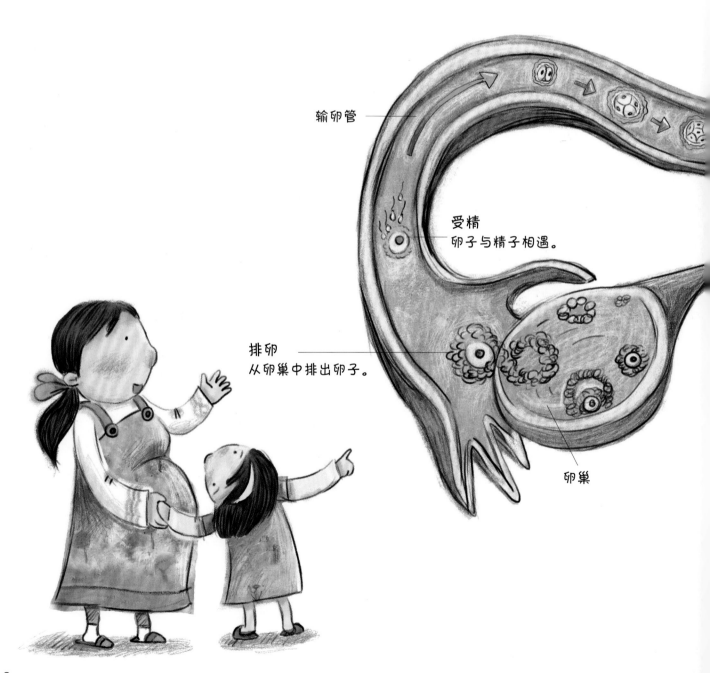

输卵管

受精
卵子与精子相遇。

排卵
从卵巢中排出卵子。

卵巢

还在妈妈子宫里生长的宝宝叫做"胎儿"。

1 周大的胎儿呀，比一个小点点还小。

随着日子一天天地过去，就会慢慢长出胎儿身体的各个部分，胎儿能够做的事情也会变得越来越多。

从受精到胎儿完全发育长大，需要大约 280 天（10 个月）。

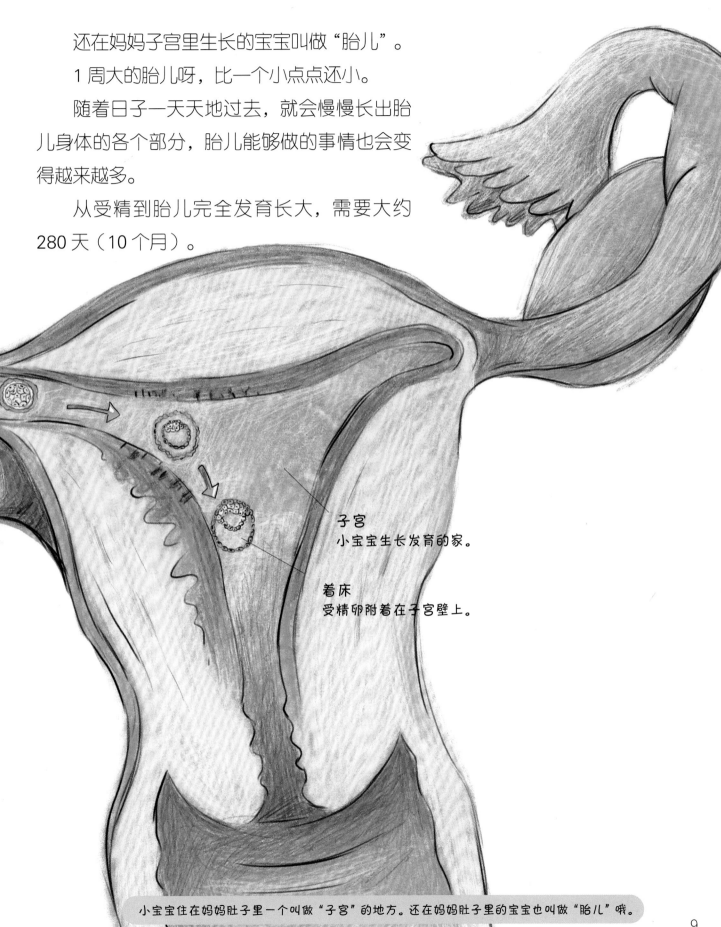

子宫
小宝宝生长发育的家。

着床
受精卵附着在子宫壁上。

小宝宝住在妈妈肚子里一个叫做"子宫"的地方。还在妈妈肚子里的宝宝也叫做"胎儿"哦。

胎儿在满是羊水的子宫羊膜腔里生长。
像水一样的羊水能够起到保护胎儿的作用哦。
胎儿通过脐带与胎盘连接，
而胎盘是胎儿与妈妈连接的重要场所。
宝宝所需的氧气和营养成分都是通过胎盘获得的，
而宝宝产生的代谢物需要通过妈妈的身体才能排出去。

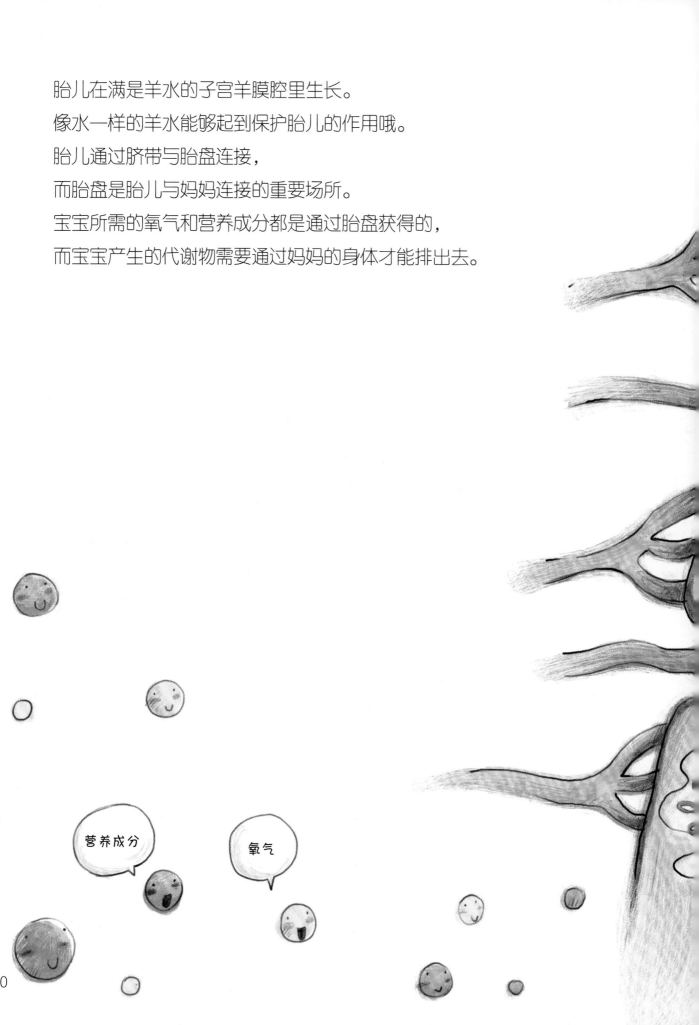

羊水

血管

脐带

胎盘

妈妈肚子里的胎儿通过脐带和胎盘获得所需的氧气和营养物质。

# 宝宝出生前

人类诞生的过程从男人精子与女人卵子的相遇开始。

从卵子受精到出生，宝宝要在妈妈肚子的"子宫"里生活大约 10 个月（约 280 天）。这是人一生中生长发育最快的时期。

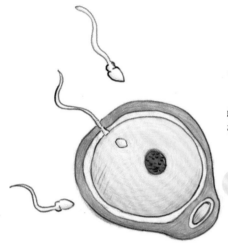

**1**

精子的细胞核与卵子的细胞核相互融合成为了受精卵。

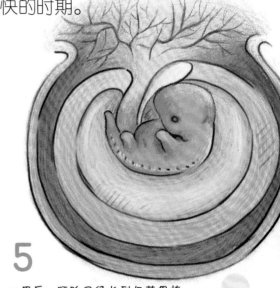

**5**

5 周后，胚胎已经长到与苹果核差不多大了。开始长出手和脚的同时，尾巴逐渐消失。

**2**

受精大约 24 小时后，受精卵分裂成 2 个细胞。

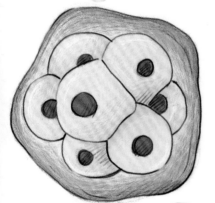

**3**

等到分裂成大约 16 个细胞的时候，受精卵就已经进入子宫了。几天后细胞团就会在子宫壁上着床。

**4**

4 周后，羊水中的胎儿心脏开始跳动，大脑开始发育。

# 胎生

包括人类在内的所有哺乳动物都是在妈妈的肚子里生长发育到一定阶段后才出生的。不同动物的宝宝在妈妈肚子里待的时间和出生的数量都是不同的。不过哺乳动物都是在宝宝出生后，通过哺乳养育的。

**鲸鱼**

在产下鲸鱼宝宝后也是通过哺乳喂养的哦。怀孕期为1年，每胎差不多只产1头小鲸鱼。

**兔子**

1年能怀4~5胎，每胎能生下3~8只小兔子。

**大象**

宝宝要在妈妈肚子里待上22个月，出生以后要喝3年的母乳。

**老虎**

在怀孕100天左右的时候，就能生下2~4只小老虎。

**袋鼠**

怀孕5周后就能生下2~3只体重为1克的小袋鼠。

刚出生的小袋鼠会钻进袋鼠妈妈的"育儿袋"里吮吸袋鼠妈妈的乳汁！小袋鼠要在育儿袋里待上足足6个月哦。

来看看胎儿生长发育的过程吧！

1 个月后，心脏开始跳动。

2 个月后，开始长出手指、脚趾、眼睛、耳朵还有嘴巴。

3 个月后，已经能够自由挥动手臂，还能分辨出胎儿的性别了。

5 个月后，胎儿能听见声音了。也是从这个时候开始，妈妈能感受到小宝宝的活动了。

9 个月后，胎儿开始为出生做准备了。为了能在出生的时候头先出来，身体会掉头旋转，调整好姿势哦。

1 个月

2 个月

"姨妈，我什么时候才可以见到小宝宝呀？"

"再过几天，你就能见到他啦。"

"那宝宝是怎样出来的，也能看到吗？"

"这个嘛，可能看不到。不过等宝宝出生了，小娴可以最先看到他。"

"哇哦！真想快点见到他。"

想知道小宝宝是怎样从妈妈的肚子里出来的吗？

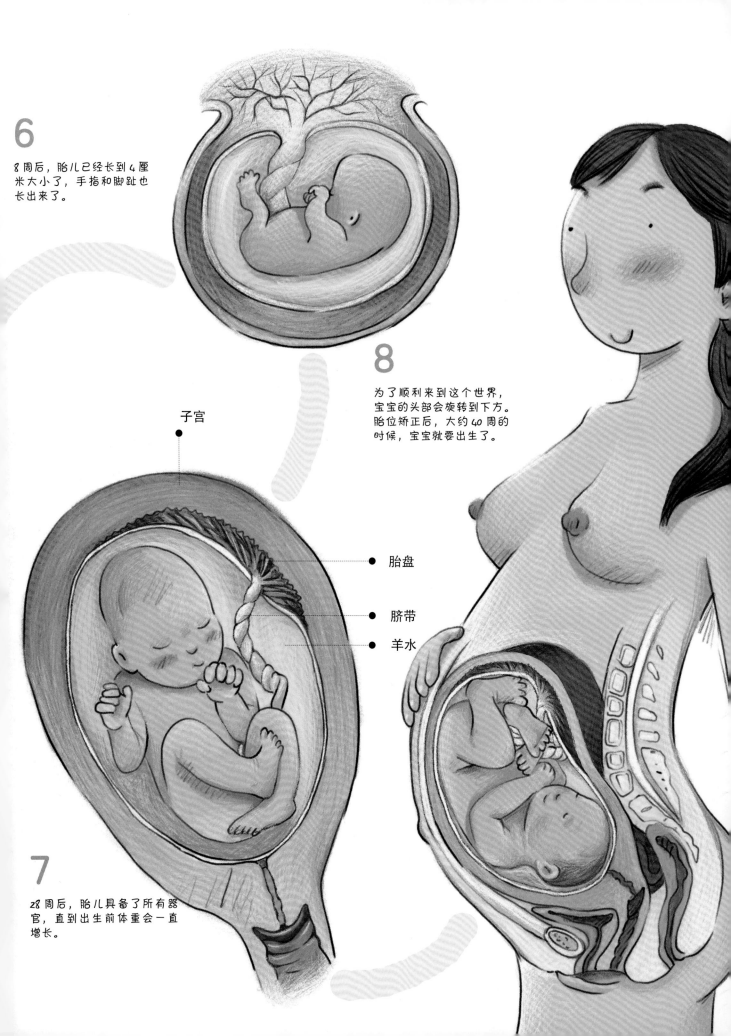

**6**

8周后，胎儿已经长到4厘米大小了，手指和脚趾也长出来了。

**8**

为了顺利来到这个世界，宝宝的头部会旋转到下方。胎位矫正后，大约40周的时候，宝宝就要出生了。

子宫

胎盘

脐带

羊水

**7**

28周后，胎儿具备了所有器官，直到出生前体重会一直增长。

# 卵生

鸟类、鱼类还有昆虫，基本都是卵生动物。有些只能产下一个卵，而有些甚至能产下数千个卵。通常生存率越低，产下的卵就越多。

## 海龟

海龟会将卵产在海边温暖的沙滩里。小海龟们破壳而出后，就会立即游向大海。海龟妈妈1次能产下 100 ~ 200 个卵。

## 鸟类

通常是由鸟妈妈一直孵蛋，直到小鸟破壳出生。有一种叫"信天翁"的鸟类，每 1 ~ 2 年才会产卵 1 次，而且每次只有 1 枚哦。

## 鱼类

一般是通过雄性鱼类将精子排放到雌性鱼类所产下的卵的上方而受精的。每次可以产下大量的鱼卵。

## 蝴蝶

蝴蝶等昆虫类动物也是卵生哦。通常它们在虫卵里完成各个生长阶段不同模样的蜕变。

## 青蛙

青蛙在水中产卵。从卵里钻出来的是小蝌蚪，不过随着不断地长大，小蝌蚪就会变成青蛙。

5个月

2个月

9个月

3个月

6个月

胎儿在妈妈的肚子里茁壮成长。等到发育
完成的时候，就可以准备出来啦。

从生命诞生到现在已经过去9个月了,听说马上就可以从妈妈肚子里出来咯。

宝宝的脑袋会最先从妈妈肚子里出来。

"哇哇！"伴随着洪亮的哭声，宝宝出生啦。

这哭声是宝宝开始自己呼吸的信号哦。

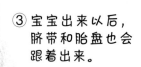

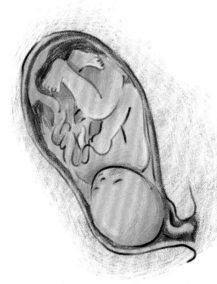

① 到了宝宝要出生的时候，子宫就会有规律地收缩，将宝宝推出子宫的同时还能扩张子宫口。

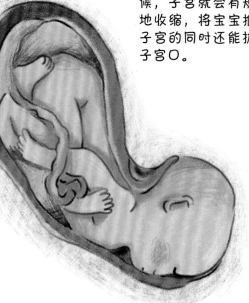

② 宝宝的脑袋会最先从妈妈子宫里钻出来。

③ 宝宝出来以后，脐带和胎盘也会跟着出来。

最先从妈妈扩张的子宫口出来的，是宝宝的脑袋。

强壮的小宝宝出生啦。

新生的小宝宝还不会说话，要是他们一直哭，

就是肚子饿了或者是想要换尿片的意思。

这时候的宝宝还很娇嫩，所以抚摸他们的时候要轻轻地哦。

宝宝刚生下来的时候，只吃母乳或者冲泡的配方奶粉，

就在这样吃了睡、睡了吃的过程中，

宝宝的身体长大了，

渐渐地还学会了走路和说话。

小宝宝终于出生了。再过不久，就会说话走路了。 23

# 小不点出生 1 年来的成长日记

能够模糊地看见一些东西了。
（第 1，2 个月）

会发出咿咿呀呀的声音了。
（第 2、3 个月）

能抓住东西了。（第 3，4 个月）

会翻身了。（第 6 个月）

具有模仿能力了。
（第 7 个月）

会自己坐着玩，还会爬来爬去了。（第8个月）

知道揉一揉撞到的地方了。（第9个月）

能扶着东西站起来了。（第10个月）

会叫"妈妈"了。（第11个月）

开始学走路了。（第12个月）

出生1年后，真的会说话和走路了。

今天是小不点第一次过生日，
小娴也跟着开心极了。
虽然小不点还不会叫"姐姐"，
但总喜欢在小娴身边摇摇晃晃地走。
"小不点还小，姐姐我呀，一定会好好照顾你的。"
看来小娴一定会成为一个好姐姐。

总有一天小不点也会像我一样，长成健健康康的大孩子，还会说好多话。

# 我是怎么长大的？

翻看相册，我们不仅能看到爸爸妈妈结婚时候的照片，还能看到自己小时候的照片。一起来制作自己从出生到现在的成长相册吧。

准备材料　照片

观察方法

1. 挑选出自己每个生长阶段的照片。

2. 将这些照片按顺序排放到相册里，并在照片下面标注好月份或年龄。

3. 写下每张照片里自己的特征。

观察结果

翻看相册就能发现，随着年龄的增长，我们的身体也在长大。那些小时候自己无法做到的事情，渐渐地都可以独立完成了。能自己洗脸刷牙，还能自己看书了。

3 岁的时候

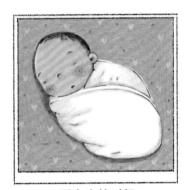

刚出生的时候

2 岁的时候

6 岁的时候

8 岁的时候

**为什么会这样呢？**

刚出生的宝宝不会说话也不会走路。但随着孩子慢慢地长大，既学会了走路、说话，还学会了看书阅读。这个时期可以说是成长速度最快的阶段了。但我们也不是一直生长下去的，到了 20 岁左右的时候，身体的生长就会慢慢停止。不过女生在 11 岁左右从小女孩开始变成女人，还有男生在 14 岁左右开始从小男孩变成男人的时候，又会有一段快速生长发育的时期。等到发育结束，真正成为女人或男人的时候，就可以孕育宝宝啦。

# 动物宝宝会长得像动物妈妈吗？

准备材料　动物图册或动物的照片

观察方法

1. 去动物园或是通过图册找到动物宝宝和动物妈妈。
2. 看看哪些动物宝宝长得像动物妈妈。
3. 找一找和动物妈妈长得不一样的动物宝宝有哪些。

观察结果

青蛙

蝴蝶

猪

长得不像动物妈妈的动物宝宝

有青蛙、蝴蝶、蝉、蜜蜂等

长得像动物妈妈的动物宝宝

有猫、狮子、狗、猪、鹿、水獭、羊、海豚、海龟等

猫

**为什么会这样呢？**

　　小狗崽长大后会变成大狗，小牛犊长大后会变成大牛。我们知道，同一种族的动物之间长得都差不多，但也有像青蛙妈妈和小蝌蚪一样，宝宝和妈妈不仅长得不一样，就连生活的地方也截然不同的动物。这样的动物主要是昆虫和两栖类动物，不过等到它们长大以后就会长得和妈妈一样了。另外，动物们长大以后和小时候的叫法也有不同哦！比如，马和马驹、牛和牛犊、鸡和雏鸡、狗和狗崽等。只要我们仔细观察动物的生长过程，就能轻松帮助动物宝宝找到它们的动物妈妈哦。

## 问题 双胞胎是怎么来的?

双胞胎是指从妈妈肚子里一次生下两个宝宝的情况,一般可以分为同卵双胞胎和异卵双胞胎。刚受精的卵子分裂成两个并且各自发育长大的宝宝们叫做同卵双胞胎。由于从同一个卵子诞生而来的两个宝宝拥有着几乎完全相同的遗传基因,因此他们性别相同,长得也十分相似。

而异卵双胞胎是由于有两个卵子同时被排出,然后各自遇到了不同的精子受精后发育而来的,因此他们的性别有可能会不同,长相也会略有差异。

## 问题 男人和女人的声音为什么不一样?

刚出生的婴儿其实很难一眼区分出性别。但随着年龄的增长,其性别特征会渐渐显露出来,就像声音会有区别一样。虽然刚开始的时候男女宝宝的声音都差不多,但是等到

10岁左右的时候,和身体一起发生变化的还有人的嗓音,人们将这种声音的变化时期叫做"变声期"。男生的嗓音变化尤为明显,在这个时期,他们的甲状腺软骨向前突出,增大变硬,形成了喉结。

通常声带的发育时间晚于软骨,所以变声期的时候声音会比较沙哑。就这样,与女生的声带不同,男生的声带开始变厚变长。另外,由于成年男人嗓子里的小舌头(悬雍垂)振动频率小,所以他们的嗓音通常会比较低沉。

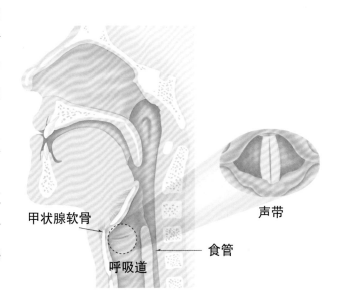

甲状腺软骨　呼吸道　食管　声带

## 问题 男宝宝和女宝宝是怎样诞生的?

男人身体里的精子和女人身体里的卵子都是生殖细胞。精子和卵子分别携带有 23 条染色体，但不同的是卵子只有 X 染色体，而精子既有 X 染色体也有 Y 染色体哦。

一个精子与一个卵子结合后就有了 23 对染色体。在这 23 对染色体中，有 1 对染色体叫做"性染色体"，就是它决定了胎儿的性别哦。要是这对染色体是由 2 条 X 染色体组成的话，就会是个女宝宝；反之，要是这对染色体是由 X 染色体和 Y 染色体共同组成的话，就会是个男宝宝了。所以呀，胎儿的性别是由精子的染色体所决定的。

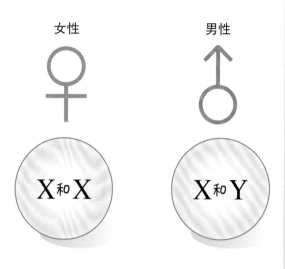

女性　　　男性

X和X　　　X和Y

### 科学话题

### 海马是由爸爸生宝宝的?

正如字面上的意思，海马长得就像是"大海里的马"，不管是它的产卵方式还是长相都十分奇特。雌性的海马妈妈会将卵子排在雄性的海马爸爸肚子上的"孵卵囊"里。等到小海马破卵而出的时候，那场景看起来就像是海马爸爸在生宝宝。海马的"孵卵囊"和袋鼠的"育儿袋"类似哦。

破卵而出的小海马们在海马爸爸肚子里待了 20 多天以后就可以离开海马爸爸的"孵卵囊"了。与其他鱼类相比，海马这种独特的产卵方式，是因为新生的小海马还不会游泳，再加上卵子实在太小，所以为了确保小海马们能够安全顺利地长大所采取的保护措施。从孵卵囊里出来的小海马们只需再过 2 ～ 3 周就能长成大海马了。

# 这个一定要知道!

阅读题目，给正确的选项打√。

**1** 宝宝是怎样诞生的？

- ☐ 精子和卵子的结合
- ☐ 卵子变大
- ☐ 好多个精子的结合

**2** 我们知道小宝宝在出生前一直待在妈妈的肚子里。那妈妈肚子里小宝宝的家叫什么？

- ☐ 子宫
- ☐ 卵巢
- ☐ 卵子
- ☐ 精子

**3** 我们知道还在妈妈肚子里生长发育的宝宝叫做"胎儿"。那么你知道胎儿在妈妈的肚子里是怎样长大的吗？

- ☐ 什么都不吃。
- ☐ 喝妈妈的母乳长大的。
- ☐ 通过脐带和胎盘获取氧气和营养物质。

**4** 胎儿从受精开始到完全发育长大，需要几天？

- ☐ 365 天
- ☐ 280 天
- ☐ 500 天
- ☐ 30 天

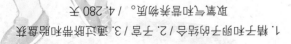

1. 精子和卵子的结合 / 2. 子宫 / 3. 通过脐带和胎盘获取氧气和营养物质。/ 4. 280 天

32

# 科学原理早知道  我们的身体

推荐人 朴承载教授（首尔大学荣誉教授，教育与人力资源开发部科学教育审议委员）
作为本书推荐人的朴承载教授，不仅是韩国科学教育界的泰斗级人物，创立了韩国科学教育学院，任职韩国科学教育组织联合会会长，还担任着韩国科学文化基金会主席研究委员、国际物理教育委员会（IUPAP-ICPE）委员、科学文化教育研究所所长等职务，是韩国儿童科学教育界的领军人物。

推荐人 大卫·汉克（Dr.David E.Hanke）教授（英国剑桥大学教授）
大卫·汉克教授作为本书推荐人，在国际上被公认为是分子生物学领域的权威，并且是将生物、化学等基础科学提升至一个全新水平的科学家。近期积极参与了多个科学教育项目，如科学人才培养计划《科学进校园》等，并提出《科学原理早知道》的理论框架。

编审 李元根博士（剑桥大学理学博士，韩国科学传播研究所所长）
李元根博士将科学与社会文化艺术相结合，开创了新型科学教育的先河。
参加过《好奇心天国》《李文世的科学园》《卡卡的奇妙科学世界》《电视科学频道》等节目的摄制活动，并在科技专栏连载过《李元根的科学咖啡馆》等文章。成立了首个科学剧团并参与了"LG科学馆"以及"首尔科学馆"的驻场演出。此外，还以儿童及一线教师为对象开展了《用魔法玩转科学实验》的教育活动。

文字 申贤镇
毕业于首尔教育大学，现为首尔高远小学教师。十分关注儿童科学教育事业，积极参与小学教师联合组织"小学科学守护者"的活动，并担任了小学科学教室和小学教师科学实验培训的讲师。参与科学中心校园和科学营项目，致力于研究让孩子在生活中也能够轻松探索科学的教学方法。

插图 金喜贞
毕业于启明大学艺术学院西方绘画系，目前是一名儿童图书插画师。希望孩子们通过阅读图书能够拥有一颗明亮而温暖的心而创作中。现有作品包括《怪角鹿寓言故事》《挑媳妇儿》《首位女医生朴爱施德》等。

아기가 태어났어요
Copyright © 2007 Wonderland Publishing Co.
All rights reserved.
Original Korean edition was published by Publications in 2000
Simplified Chinese Translation Copyright © 2022 by Chemical
Industry Press Co.,Ltd.
Chinese translation rights arranged with by Wonderland Publishing Co.
through AnyCraft-HUB Corp.,Seoul, Korea & Beijing Kareka
Consultation Center, Beijing, China.
本书中文简体字版由 Wonderland Publishing Co. 授权化学工业出版社独家发行。
未经许可，不得以任何方式复制或者抄袭本书中的任何部分，违者必究。

北京市版权局著作权合同版权登记号：01-2022-3380

图书在版编目（CIP）数据

宝宝的诞生 / (韩) 申贤镇文；(韩) 金喜贞绘；
祝嘉雯译.—北京：化学工业出版社，2022.6
（科学原理早知道）
ISBN 978-7-122-41020-7

Ⅰ.①宝… Ⅱ.①申…②金…③祝… Ⅲ.①婴幼儿——哺育—儿童读物 Ⅳ.①TS976.31-49

中国版本图书馆CIP数据核字（2022）第049116号

责任编辑：张素芳
文字编辑：昝景岩
责任校对：王 静
封面设计：刘丽华
装帧设计：溢思视觉设计 / 程超

出版发行：化学工业出版社
　　　　　（北京市东城区青年湖南街13号　邮政编码100011）
印　　装：北京华联印刷有限公司
889mm×1194mm　1/16　印张2¼　字数50千字
2023年3月北京第1版第1次印刷

购书咨询：010-64518888
售后服务：010-64518899
网　　址：http://www.cip.com.cn
凡购买本书，如有缺损质量问题，本社销售中心负责调换。

定　价：25.00元　　　　版权所有　违者必究